Bibliothèque Générale de Cinématographie

CONFÉRENCES SUR LA CINÉMATOGRAPHIE
Organisées par le Syndicat
=== DES AUTEURS ET GENS DE LETTRES ===

SEPTIÈME CONFÉRENCE

Trucs et Illusions

Applications de l'Optique

et de la

Mécanique au Cinématographe

PARIS

COMPTOIR D'ÉDITION DE " CINÉMA-REVUE "

118, Rue d'Assas, 118

Bibliothèque Générale de Cinématographie

Aide = Mémoire

du

Cinématographiste

RECEUIL

DE

Recettes, Procédés, Formules et Conseils

utiles au Cinématographiste, groupés et classés

PAR

C. DE MIREAUNEL

PRIX : **0** fr. **75**  FRANCO : **0** fr. **85**

Tous les renseignements contenus dans cet ouvrage sont extraits de " CINÉMA ", Annuaire de la Projection fixe et animée.

PARIS

Comptoir d'Édition de " Cinéma-Revue "

118, RUE D'ASSAS, 118

Trucs et Illusions

Applications de l'Optique

et de la

Mécanique au Cinématographe

Par E. KRESS

PARIS

COMPTOIR D'ÉDITION DE " CINÉMA-REVUE "

118, Rue d'Assas, 118

Droits de traduction et de reproduction réservés

CONFÉRENCES

CINÉMATOGRAPHIE

SEPTIÈME CONFÉRENCE

TRUCS ET ILLUSIONS

(Applications de l'Optique et de la Mécanique au Cinématographe)

Nous touchons au chapitre de la Cinématographie sinon le plus important, du moins le plus remarquable, par l'ingéniosité que metteurs en scène et auteurs ont su y déployer.

Une des causes du prodigieux succès du cinématographe est précisément d'avoir pu donner une forme concrète à la rêverie, facteur nécessaire d'équilibre aux soucis et aux rigueurs de la vie réelle.

Avant d'expliquer aussi complètement qu'il nous sera possible, par quels moyens, le plus souvent très simples, les plus fantastiques conceptions peuvent être traduites sur l'écran, une visite à l'arsenal de ces moyens ne sera pas inutile; elle nous permettra de les cataloguer sous trois titres généraux : moyens optiques, moyens mécaniques, moyens chimiques.

MOYENS OPTIQUES

Les propriétés des miroirs sont largement mises à contribution en cinématographie ; nous allons très sommairement les rappeler :

Toute surface réfléchissante constitue un miroir. Suivant que cette surface est plane ou courbe, ses propriétés, ou plus exactement les propriétés des rayons réfléchis, diffèrent.

1° *Miroirs plans.* — Nous savons que, grâce aux miroirs, et plus particulièrement aux miroirs plans, il nous est possible par la simple disposition de ces miroirs, de faire voir les objets dans une tout autre direction que celle de leur réelle situation. Fournie par un seul miroir l'image réfléchie d'un objet est symétrique de cet objet, de sorte que pour le personnage placé devant une glace, tournant le dos au spectateur qui en contemple l'image, la main droite devient la main gauche, etc.

Les portraits daguerriens nous fournissent une démonstration frappante de ce principe. Mais les images virtuelles données par un miroir n'en jouent pas moins, pour d'autres miroirs, le rôle d'objet.

Si ces miroirs sont parallèles, les images de l'objet placé entre eux sont multipliées à l'infini, suivant une intensité lumineuse décroissante.

Il ne faut donc pas oublier que l'emploi des miroirs entraîne une déperdition notable de la puissance actinique des rayons qu'ils réfléchissent, que l'image produite est double, l'une très faible, donnée par la surface même du verre, l'autre très brillante, fournie par la surface étamée. Ce dédoublement sera d'autant plus sensible : 1° que le miroir sera d'un verre plus épais ; 2° que l'objet en sera plus rapproché.

Les miroirs employés au cinématographe devront donc être en verre mince et très soigneusement étamés. On veillera à ce qu'ils ne reçoivent d'autre lumière que celle émanée de l'objet ou du personnage qu'on y réfléchit.

Nous avons déjà indiqué comment, en deux de leurs appareils, MM. Lumière avaient tiré parti des propriétés des miroirs angulaires. Au musée Grévin, MM. Gabriel Thomas et Eugène Hénard ont installé un « Palais des Mirages » dont l'étude fournira de nombreux renseignements sur les moyens optiques à employer pour obtenir, à frais réduits, une décoration aussi grandiose que splendide. La salle où se produit cette illusion est hexagonale : les parois sont formées par des glaces fixes encadrées par des motifs architecturaux, le plafond est constitué par une coupole ornée de pendentifs. Si au milieu de ce décor on illumine un motif décoratif quelconque, ce motif sera reproduit à l'infini. J'ajouterai qu'à chaque angle de la salle, on a installé un tambour rotatif comportant six glaces parallèles deux à deux formant trois angles de 120° correspondant précisément à l'angle de 120° de l'hexagone optique. Un tiers de tour du tambour suffit ainsi à transformer les perspectives de l'illusion.

L'emploi d'une machinerie semblable à celle du Palais des Mirages serait peu pratique au cinématographe parce qu'elle exigerait une puissance énorme d'éclairage. Mais le petit instrument connu sous le nom de Kaléidoscope peut donner l'idée d'applications intéressantes, reposant sur la multiplication des images.

Disons immédiatement qu'il n'est pas nécessaire que les miroirs aient de grandes dimensions. Tout n'est qu'une question de distance de l'objet à l'objectif modifié pour le service qu'on en attend.

Si nous utilisons deux miroirs angulaires dont l'angle puisse être précisément modifié, nous verrons que pour une ouverture de 120° un objet est répété trois fois, pour une ouverture de 90°, quatre fois et que plus l'ouverture se fermera, plus les répétitions deviendront nombreuses. Pour que les multiplications soient nettes, il est nécessaire que la lumière vienne bien frapper dans l'angle formé par les deux glaces.

D'ailleurs il suffit de se reporter à ce que nous avons dit concernant le décor obtenu par projection par transparence pour comprendre comment avec un éclairage puissant on peut utiliser dans la décoration scénique, les effets Kaléidoscopiques, obtenus du reste en projection fixe.

On conçoit enfin qu'en synchronisant les variations des angles des miroirs entre eux avec les tours de manivelle, on obtiendrait ainsi des effets pour lesquels on ne s'est encore adressé qu'au mouvement dit « américain ».

Une incursion dans le domaine des grands trucs de la prestidigitation, domaine si largement mis au service du cinématographe par M. Mélies, va du reste nous fournir de précieux éléments de mise en scène ; nous y verrons d'une façon plus saisissable comment peuvent être mises à profit les propriétés des miroirs plans.

On a dit que le « décapité parlant » du Musée Talrich avait été le point de départ de toutes les illusions produites par les miroirs. En réalité ce truc procédait de celui du colonel anglais, Stodoare, introduit en France et vendu au mouleur Talrich par le Dr Lynn. Il était présenté par Lynn sous la forme d'une caissette qui, montrée ouverte au public, contenait une figure de cire représentant une tête de momie égyptienne, Lynn refermait la caissette, la plaçait sur une table puis l'ouvrait à nouveau.

A la figure de cire avait succédé une tête bien vivante répondant aux questions qu'on lui posait. La caractéristique du truc était que la table montée sur trois pieds paraissait vide. Après une tentative d'exploitation au cirque Dejean le truc fut acquis par le Musée Français Talrich du Boulevard des Capucines. Il y devint le « Décapité Vivant », qui, grâce à une mise en scène, où ne manquait même pas la hache fraichement ensanglantée, fit courir le Tout-Paris jusqu'au jour où il fut imité salle Erard. Une porte de fond malencontreusement ouverte, vint se réfléter dans une des glaces qui reliaient les pieds de la table et le truc fut ainsi dévoilé. Il consiste essentiellement en une table à trois pieds. Un de ces pieds est tourné vers le spectateur. Entre ce pied et les deux pieds de côté glissent à droite et à gauche deux glaces perpendiculaires au sol qui semble ainsi se continuer sous la table.

Pour accroître l'illusion le plancher était jonché de paille. Une violente altercation entre le petit-fils de V. Hugo et le « décapité » mit fin à cette exhibition. Elle a revécu sous une forme moins lugubre avec celle de la « demi-femme vivante ».

Pour éviter la table à trois pieds, on reflète dans la glace deux faux-pieds cachés par un motif décoratif. Le champ visuel du spectateur est limité par une barrière qui s'oppose à ce qu'on approche de trop près le truc. Un autre important perfectionnement consiste en l'emploi de tentures, dont les dessins sont combinés de telle sorte qu'à réflexion dans les glaces ils ne présentent aucune solution de continuité.

Cette application de glaces et de tentures appropriées se retrouve dans : les armoires à disparition et à apparition, les trucs de la *Sibylle de Cumes*, de Mme *Chrysanthème*, de la *Déesse du Feu*, de la *Femme-Araignée*, etc. Nous nous arrêterons un peu plus longtemps sur le truc de la « tête aérienne » qui peut être plus particulièrement susceptible d'application. Le spectateur est placé devant une petite scène fermée par un rideau. Lorsque ce rideau se lève on aperçoit une tête de femme suspendue au milieu de la scène. Pour prouver que la tête est bien vivante, le barnum lui présente une bougie à souffler et le bougeoir est remisé au-dessous de la tête pour prouver que celle-ci n'est soutenue par aucun support.

En réalité le public est victime d'une illusion complète. Une glace coupe l'espace vide suivant la diagonale de la scène. Cette glace est percée d'une ouverture par laquelle le sujet, dissimulé derrière la glace passe la tête. La porte que le public croit voir s'ouvrir sous la tête et la bougie qui apparaît comme présentée droite au sujet, sont en réalité, dissimulées dans le cintre de la petite scène et au-dessus du rideau. Inutile d'ajouter que le dispositif d'éclairage est conçu de telle sorte qu'aucune lumière ne vienne se refléter dans la glace. Ce truc peut servir de prototype à des apparitions aériennes supprimant ainsi l'usage des fils qui sont, pourtant, d'un emploi plus courant.

En cinématographie, pour les apparitions et disparitions, l'arrêt reste le procédé de choix ; mais il ne va pas à la reprise de l'action, sans certaines complications, les acteurs demeurés en scène, devant reprendre cette action en observant strictement leur attitude antérieure. Une plus large application des jeux de glaces rendra souvent de précieux services.

Le fond noir est d'une utilité essentielle, primordiale en cinématographie, surtout en cinématographie féérique. Nous avons vu que les propriétés du fond noir avaient été mises à contribution par Marey pour ses études photographiques du mouvement. Le fond noir constitue l'élément essentiel de la Magie Noire. Le cinématographe n'a fait que suivre la prestidigitation dans la voie que cette dernière avait tracée.

Le fond noir consiste en une scène entièrement tendue de noir y compris son plancher. Les tentures de velours donnent les meilleurs résultats. Elles doivent être très tendues.

Le fond noir permet de photographier des objets brillants en ménageant autour d'eux une réserve de surface sensible qui pourra être à son tour impressionnée par d'autres objets, l'espace coupé par les premiers ayant été soigneusement répéré pour éviter toute confusion *non prévue* des mouvements ou des objets eux-mêmes. On a également tenté d'utiliser des fonds rouges et ce que nous avons dit des différentes sources lumineuses permet de préjuger tout un ensemble de combinaisons rationnelles de ces sources avec des fonds, des décors et des costumes de couleur appropriée.

Revenons aux miroirs plans. Les propriétés du fond noir tel que nous l'avons décrit, réduit même à une simple tenture, peuvent être utilement combinées à celles des miroirs pour l'obtention de certains effets. Inutile d'ajouter que toutes précautions doivent être prises pour que l'opérateur et l'appareil ne viennent pas se réfléter dans la glace.

Si l'on veut doubler les précautions, l'appareil et l'opérateur peuvent être couverts de noir. Le fond noir est disposé parallèlement à la glace.

Supposons qu'avec un tel dispositif nous voulions faire apparaître dans une glace d'armoire ou dans une glace de salon un personnage quelconque, objet de remords ou de désir pour l'acteur qui y contemple son image ; nous donnerons une première impression avec le personnage évoqué posant devant le fond noir, nous remonterons la pellicule par sept tours de manivelle, nous enlèverons le fond noir et nous prendrons à son tour le second personnage qui contemple la glace.

Nous avons déjà signalé dans notre leçon sur les lumières et les couleurs, le parti que l'on peut tirer de l'emploi du fond blanc.

Revenons-y aujourd'hui. Supposons que nous voulions donner une impression parfaite d'un personnage, placé dans une obscurité relative et contemplant par exemple une scène d'évocation.

Prenons ce personnage à *contre-jour* et sur *fond blanc;* nous obtenons ainsi une véritable silhouette dont nous allons tirer un positif. Ce positif est alors placé gélatine contre gélatine sur une pellicule négative et on tourne l'apparition placée sur fond noir.

Enfin les deux pellicules sont remontées par le procédé habituel et l'on prend une scène d'intérieur soigneusement repérée.

Ce procédé est l'un de ceux que l'on utilise dans le Reportage truqué, car s'il est relativement facile de se procurer une bande des lieux où s'est déroulé un drame, par exemple, il n'en est pas de même du drame lui-même.

Il est commode pour l'emploi du miroir dans certaines scènes à trucs de disposer ce miroir de telle sorte qu'il semble faire partie du décor lui-même.

Nous ne pouvons quitter le domaine des apparitions sans signaler les propriétés des glaces sans tain, inclinées soit de bas en haut, soit de côté, reflétant un per-

sonnage maintenu dans une position inclinée, paral-
lèle à celle de la glace, grâce à une sorte de chariot ou
de bâtis roulant placé soit dans les dessous, soit dans
les coulisses de la scène. Le personnage est violemment éclairé au moyen d'un projecteur et repose sur un
fond de velours noir.

L'adaptation des propriétés des glaces sans tain au
théâtre pour l'apparition de spectres ou de personnages
quelconques est due à Robin. Il fut imité de Pepper de
Londres (1862) et ce fut M. Holstein, directeur du Châ-
telet, qui introduisit le truc dans la pratique théâtrale,
au cours de la pièce du *Secret de Miss Aurore*.

Robert Houdin se servit du même procédé dans *La
Tsarine*, pièce du théâtre de la Porte Saint-Martin.

Ce truc classique a subi de nombreuses modifica-
tions et adaptations, il est présenté dans certains cabarets
de Paris (Ciel, Néant). Dans l'apparition, dite « Amphi-
trite » dans les trucs appelés : « Métempsycose, Gala-
thée », transformations magiques, on utilise à la fois
les propriétés de transparence et les propriétés réflé-
chissantes des glaces sans tain.

La petite scène où le truc est présenté est coupée dia-
gonalement par une glace sans tain et cette scène constitue un véritable fond noir.

Supposons qu'il s'agisse de substituer un vase de
fleurs à une tête quelconque, le vase sera placé sur le côté
et la tête dans le fond de la scène, de part et d'autre de

la glace sans tain. La tête éclairée violemment pendant que le vase est dans l'obscurité est seule visible à travers la glace. Mais si la lumière vient graduellement à faire défaut alors que le vase placé sur le côté est graduellement éclairé à son tour, les deux images vont d'abord fusionner et le vase sera finalement seul visible.

Le cinématographe a substitué au procédé des glaces sans tain, celui des « fondus » obtenu par simple fermeture graduelle du diaphragme.

Nous étudierons en détail ce procédé, un peu trop exclusivement employé et d'un maniement délicat.

MIROIRS COURBES

Les miroirs courbes ont des propriétés optiques différentes suivant qu'ils sont ou concaves ou convexes.

Si on reçoit sur un miroir concave un faisceau de lumière solaire, les rayons peuvent être considérés comme parallèles et ils se réfléchissent au foyer principal du miroir pour y former ce que l'on appelait également le *foyer ardent*, capable d'enflammer les objets combustibles que l'on y placerait.

Mais si les rayons qui tombent sur le miroir ne sont plus parallèles, c'est-à-dire s'ils émanent d'un objet situé à proximité du miroir, le point où viendront concourir les rayons après réflexion sera d'autant plus éloigné du miroir que le foyer principal est plus proche du centre de courbure, on aura ainsi un deuxième foyer appelé *foyer conjugué*. Suivant la position de l'objet, l'image est ou virtuelle, plus grande que l'objet et symétrique de l'objet, et elle paraît alors se former en arrière du miroir, ou réelle, renversée et plus petite que l'objet placé au-delà du centre et cette image peut être reçue sur un écran.

Les miroirs convexes n'ont qu'un foyer virtuel situé entre le centre de courbure et la surface du miroir, l'image est virtuelle, plus petite que l'objet et symétrique de l'objet. Il n'y a pas d'image réelle pouvant être reçue sur un écran.

Nous reviendrons sur les propriétés des miroirs courbes lorsque nous nous occuperons des appareils de projection. Notons simplement que leurs combinaisons constituent ces miroirs déformants qui peuvent être utilisés dans certaines vues comiques. Mais leur emploi est assujetti à un certain nombre de précautions que la pratique suggérera. Enfin si on utilise comme miroir la surface interne d'un tore à axe horizontal, Smirnoff a remarqué que l'image de celui qui s'y contemple est non plus symétrique, mais identique à lui et droite.

MOYENS MÉCANIQUES

Les moyens simples, comme les fils tracteurs, plus compliqués, comme les commandes électriques à distance ou par l'air comprimé, peuvent être utilisés au cinématographe comme au théâtre.

Comme au théâtre on peut imiter l'aurore et le crépuscule, en faisant tourner devant le condensateur d'une lanterne à projection un disque de verre dont les teintes sont graduées. Ce procédé est préférable à celui qui consiste à agir sur l'éclairage total ou même sur le diaphragme de l'appareil. On peut simuler le lever du soleil en enfermant une lampe électrique puissante dans un globe de verre dépoli, qu'on élève progressivement derrière une toile de fond convenablement préparée.

On imite la lune par projection sur un écran translucide peint à la détrempe et au moyen du diaphragme on peut augmenter ou diminuer son diamètre. Les étoiles s'imitent au moyen de paillettes de clinquant. Quant aux nuages on les simule en faisant défiler devant une boîte à lumière une toile translucide sur laquelle ils sont peints.

En appliquant les propriétés bien connues du prisme, on provoque les arcs-en-ciel.

On ne saurait avoir recours à la poudre de Lycopode

pour imiter les éclairs, on préférera l'appareil de M. Dubosq, formé d'un miroir concave, au foyer duquel est disposé l'arc électrique.

Il sera plus simple d'utiliser un appareil de projection devant lequel tournent deux disques, l'un de verre, portant les différentes sortes d'éclair, l'autre de métal percé de deux ouvertures et faisant fonction d'obturateur.

Quelques mots sur la production des incendies au théâtre : Les flammes sont dues à du fulmi-coton, à des résidus de films, ou mieux à des poudres éclairantes et à la fumée, à la vapeur d'eau que l'on peut teindre en rouge, soit par les feux de Bengale, soit par de la fluorescéine.

Au cinématographe, la bande devant être ou teinte ou virée, on se dispense de tous ces artifices.

On a produit également de la fumée par barbotage d'air dans de l'acide muriatique et de l'ammoniaque ou plus simplement encore, comme dans Hérodiade on a imité l'incendie, en agitant au moyen d'une soufflerie des languettes d'étoffe légère semées de paillettes de clinquant éclairées par la lumière rouge émanant d'un appareil de projection. Au cinématographe on produit de la fumée par combustion de poudre noire de chasse.

Quant aux cascades, aux torrents, etc., on les imite soit en faisant couler de l'eau sur une glace inclinée, ce qui permet de réaliser par projection des apparitions, soit en pulvérisant cette eau sur une plaque horizontalement disposée qui les renvoie sur un tulle fortement tendu.

Il est alors avantageux de suspendre dans l'eau du plâtre ou du carbonate de chaux pulvérisé.

Je citerais pour mémoire avant d'aborder la machinerie des changements de décors à vue, l'emploi des toiles métalliques dont on fit usage pour la première fois au quatrième acte d'Hamlet dans la scène de l'apparition du fantôme. Éclairée de plus en plus vivement sur sa face antérieure alors que le fantôme reçoit lui-même moins de lumière, la toile métallique joue ainsi le rôle d'écran progressif.

Le même dispositif fut utilisé dans « Jeanne d'Arc » à l'Hippodrome de Paris. La face intérieure de la toile métallique circulaire était peinte et représentait la place du Vieux-Marché à Rouen qui apparaissait lorsqu'on supprimait la lumière de pourtour et lorsque tout l'éclairage était reporté au centre de la piste.

Les apparitions d'Alice dans Zampa, de Néron, du Commandeur dans Don Juan, de Marguerite dans Faust, etc., reposent également sur l'utilisation des propriétés optiques des toiles métalliques.

Au cinématographe, les changements à vue sont simplifiés, nous l'avons déjà dit, par l' « arrêt » pur et simple de l'appareil.

Néanmoins, les cas sont nombreux ou l' « arrêt » ne suffirait pas.

Les décors destinés aux changements à vue peuvent affecter des dispositifs différents, soit qu'on les sectionne en rectangles, s'ouvrant comme des battants de porte, soit qu'ils comportent des châssis à développement à trois feuillures, celle du sommet se rabattant en avant et les deux autres se repliant sur la partie du décor.

Les décors peuvent également être divisés en une quantité de lames étroites, verticalement disposées sur pivots.

Les reconstitutions des personnages suppliciés, écrasés, etc., font toujours beaucoup d'effet au cinématographe. Là encore l' « arrêt » est utilement employé, mais on peut avoir recours à un procédé dérivé de celui des « Pilules du Diable » que l'on combine à celui de l' « arrêt ».

Un décor représente la photographie ou la silhouette du *trépassé* dont on veut réunir les membres. A mesure que le sorcier applique un membre fictif, on arrête l'appareil, l'acteur qui est derrière le décor passe le membre correspondant et ainsi de suite pour tout le corps.

Dans les scènes d'écroulement, si fréquentes au cinématographe, les décors sont ordinairement constitués, à moins qu'on ne « tourne » au naturel, par des cadres d'osier. Il est évident qu'au moyen de fils, toutes les pièces peuvent être guidées suivant un plan de mise en scène déterminé.

Est-il nécessaire d'ajouter que les enlèvements sont pratiqués au moyen de fils d'acier, actionnés par des poulies à gorge, convenablement choisies et disposées?

Pour la disposition des poulies destinées à la pratique des enlèvements, on tiendra compte des lois qui régissent la construction des Moufles des différents systèmes.

On se souviendra que, dans ces machines, l'une des poulies est attachée à un point fixe et que l'autre est mobile et porte le poids à soulever.

Dans cet assemblage, la puissance est égale à la résistance divisée par le nombre des *brins tracteurs* moins un. La longueur du cordeau ou brin sur lequel agit la puissance, s'augmente de la somme de tous les raccourcissements des autres brins tracteurs, chacun de ces raccourcissements étant égal à la moitié du chemin parcouru de l'ascension du poids à enlever. Plus la charge à enlever sera lourde, moins on emploiera de force si les tourillons sont petits et si les poulies sont de grand rayon.

En inversant le dispositif, et c'est le cas pour le cinématographe, on obtiendra une montée rapide en augmentant la puissance tractrice.

C'est du principe du Moufle que dérive la construc-

tion du dispositif utilisé pour l'enlèvement des dan-
seuses, dans les illusions de la *Mouche d'Or* et du
Papillon d'argent. La poulie est portée par un chariot
glissant à patin sur un rail disposé au-dessus de la
scène tendue de noir, de même qu'est noir le fil de
soutien, un contrepoids monte et descend dans la cou-
lisse et par deux fils de tirage on agit sur le chariot et
sur le fil de soutien de la danseuse.

Rappelons pour mémoire le truc de Robert Houdin
connu sous le nom de suspension éthéréenne et qui
participe à la fois et du levier et du cliquet.

L'artiste est muni d'un corselet spécial monté sur
une barre de fer articulée, pouvant s'emboîter dans la
tige de bois ou de fer qui maintient le bras et qui forme
avec la barre un angle, plus ou moins aigu grâce à la
charnière à cliquet.

Quelques mots également sur la machinerie qui,
dans les *Aventures de Gavroche* permet le vol à travers le cintre d'un grand aéroplane. Ce dernier vient
du fond de la scène et y retourne.

Pour cela, il est accroché à un chariot roulant à billes
dans une gouttière en bois inclinée et déversée légère-
ment par rapport à l'horizontale. L'aéroplane tiré tra-
verse des bandes d'air qui se referment sur son pas-
sage. Ce dispositif qui peut trouver en cinématographie
son application est dû à M. Eugène Colombier.

On a produit au cinématographe des effets très

curieux résultant de ce qu'on a appelé « le mouvement américain ».

On sait que ce procédé consiste à photographier image par image un objet aux différentes phases d'un mouvement dont tout le film fournira la synthèse.

C'est ainsi que l'on obtient des effets d'outils travaillant seuls, etc.

Un certain nombre de dispositifs utilisés en projection fixe, peuvent servir à réaliser des combinaisons imprévues qui plaisent au public.

Parmi ces dispositifs, je citerais celui qui consiste à filmer un fond noir constitué par un verre enduit d'un vernis gras sur sa face interne. Ce vernis est enlevé par une pointe sèche portée à l'extrémité d'un pantographe qui permet de suivre le tracé d'un dessin et les traits obtenus sur le vernis gras sont fortement éclairés par transparence.

Avec le Cycloidotrope de Hopkins adapté au même système pantographique, on peut obtenir une foule de dessins intermédiaires avant d'arriver au dessin final. Dans le même ordre d'idées, je citerais encore le Kaléidotrope, l'Eidotrope, le Wheatstone et l'Astrométéoroscope de Pichler.

En cinématographie on peut tirer de gracieux effets en utilisant cet art qui, dit-on, nous vient du Japon et qui permet d'obtenir par de simples plis de papier, des bibelots très curieux qui vont des classiques *chapeau de gendarme* et *cocotte*, aux fleurs comme l'iris, le lotus, etc. Le *mouvement américain* ou prise de l'image à un tour de manivelle est ici de rigueur.

MOYENS CHIMIQUES

Nous avons vu que le fond noir et, par double impression, le fond blanc, permettaient de réserver une partie de pellicule à l'état sensible. En munissant la fenêtre d'un cache approprié on atteint le même but ; par une disposition spéciale des décors, par la teinte donnée à certaines parties du costume, on peut également réserver une partie de pellicule qui pourra être ultérieurement impressionnée. C'est précisément sur la théorie de la réserve à l'état sensible que repose le procédé du « fondu » utilisé dans toutes les apparitions ou scènes du même genre.

Nous allons traiter spécialement cette question qui est capitale au théâtre cinématographique, puis nous réunirons tous les moyens que nous avons indiqués en les faisant servir à l'interprétation d'un scénario.

Pour substituer par « fondu » un décor, un ou des personnages à d'autres, on commande l'arrêt, les acteurs restent dans leur attitude, l'opérateur compte à haute voix de un à sept, chaque unité correspondant à un tour de manivelle, en même temps qu'un aide ferme graduellement le diaphragme.

Au chiffre 7 le diaphragme doit être complètement fermé, l'opérateur met alors le bouchon sur l'objectif et *remonte* par sept tours de manivelle en arrière la pellicule dans le magasin débiteur. Le décor est alors changé, mis en plaque, s'il y a lieu. Les acteurs reprennent et leur attitude et leur place soigneusement répérée à la craie sur le plancher du théâtre sauf l'acteur ou l'objet qui devront disparaître. On démasque l'appareil et on tourne sept tours de manivelle en avant en ouvrant le diaphragme graduellement. Quand on annonce 7, les acteurs reprennent leur jeu normal et la scène continue.

Nous avons déjà dit qu'en « tournant », une scène plus lentement qu'à la cadence normale on obtenait à la projection plus de rapidité dans les mouvements.

Cette rapidité peut encore être exagérée par des *coupures* dans la bande négative, c'est-à-dire par suppression d'images.

Par le prisme ou plus simplement mais moins rapidement par le miroir, on peut faire perdre la verticale à un personnage, à un décor, à une scène ou même les retourner tout à fait.

En éloignant ou en rapprochant l'appareil monté sur rail, on raccourcit ou on agrandit un personnage qui, grâce au fondu et au fond noir peut être placé ensuite dans un décor quelconque.

La marche arrière dont nous avons parlé à propos du fondu, permet d'obtenir des effets qui sont particuliers au cinématographe.

Supposons, en effet, que nous ayions enroulé une certaine quantité de film vierge sur la *bobine réceptrice* et que nous prenions la vue d'un objet qui tombe d'un toit ; en marchant en arrière, si le reste de la bande est pris normalement, nous aurons à la projection l'impression d'un objet qui rebondit du sol au faîte de la maison.

Le même truc est utilisé dans nombre de scènes d'écrasement, le train, la voiture, l'automobile étant pris marche arrière, et pour eux et pour la pellicule.

Parmi les accessoires, les plus utiles sont certainement les mannequins qui, sosies des acteurs, sont destinés aux chutes les plus effroyables, aux écrasements, aux crimes les plus épouvantables. Mannequins, arrêt, fond noir et fondu, voilà les plus grands moyens du metteur en scène au cinématographe ; lumière diaphragme et tour de manivelle, voilà les secrets de l'opérateur. Maintenant, en place, Messieurs, et que Phébus nous garde du malencontreux : « Nous sommes dans le noir ».

ÉDITION 1912

" CINEMA "

ANNUAIRE DE LA PROJECTION
FIXE ET ANIMÉE

PARIS — 118, rue d'Assas — PARIS 6e

TÉLÉPHONE : 811-90.

Cet ouvrage comporte :

1° Une *Liste générale* de toutes les personnes appartenant à la corporation cinématographique, classées par ordre alphabétique, avec leur profession principale, l'adresse complète, le numéro de téléphone, l'adresse télégraphique, etc...;

2° Une liste de tous les *Fabricants et Négociants* d'articles de projections fixes ou animées, classés par chapitres (250) en cinq langues : Français, Anglais, Allemand, Italien et Espagnol;

3° Une liste des *Marchands de Fournitures cinématographiques*, avec leur adresse;

4° Une liste des *Exploitants* du Cinématographe, classés par ordre alphabétique, avec leur adresse;

5° Une liste des *Opérateurs*, classés par ordre alphabétique, avec leur adresse;

6° Une liste générale des *Marques* ou *Noms* donnés aux appareils : lanternes, films, accessoires ou produits employés en cinématographie, avec indication de la Maison qui fournit ces articles;

7° Un Calendrier des *Foires* et *Fêtes patronales* avec les renseignements nécessaires aux Exploitants désireux d'installer un Cinématographe;

8° Un Aide-Mémoire de l'opérateur cinématographiste;

9° Des Renseignements industriels et commerciaux.

Toute personne appartenant à la corporation cinématographique a droit GRATUITEMENT à ses NOM et ADRESSE :

1° *A la Liste générale alphabétique;*
2° *Au Chapitre se rapportant à sa profession;*
3° *A la suite de chacune de ses marques ou spécialités.*

Bibliothèque Générale de Cinématographie

Aide = Mémoire

du

Cinématographiste

RECUEIL

DE

Recettes, Procédés, Formules et Conseils

utiles au Cinématographiste, groupés et classés

PAR

C. DE MIREAUNEL

PRIX : **0** fr. **75** ❀ FRANCO : **0** fr. **85**

Tous les renseignements contenus dans cet ouvrage sont extraits de " **CINÉMA** ", Annuaire de la Projection fixe et animée.

❧

PARIS

Comptoir d'Édition de " Cinéma-Revue "

118, RUE D'ASSAS, 118

Supplément mensuel à " Cinéma " Annuaire de la projection fixe et animée

=== Abonnement : ===
=== 1 fr. 25 ===
= pour le monde entier =

CINÉMA-REVUE

=== Paraît ===
=== tous les ===
=== mois ===

Journal d'informations Cinématographiques absolument indépendant

BULLETIN D'ABONNEMENT A REMPLIR ET A RETOURNER
118, Rue d'Assas, PARIS

Veuillez m'abonner pour une année à " CINÉMA-REVUE ", Journal d'Informations Cinématographiques.

Ci-joint un franc vingt-cinq centimes.

Le 191

Nom ....

Profession ....

Adresse ....